●月球上的"海洋"

月球表面低洼的平原被称为月海。

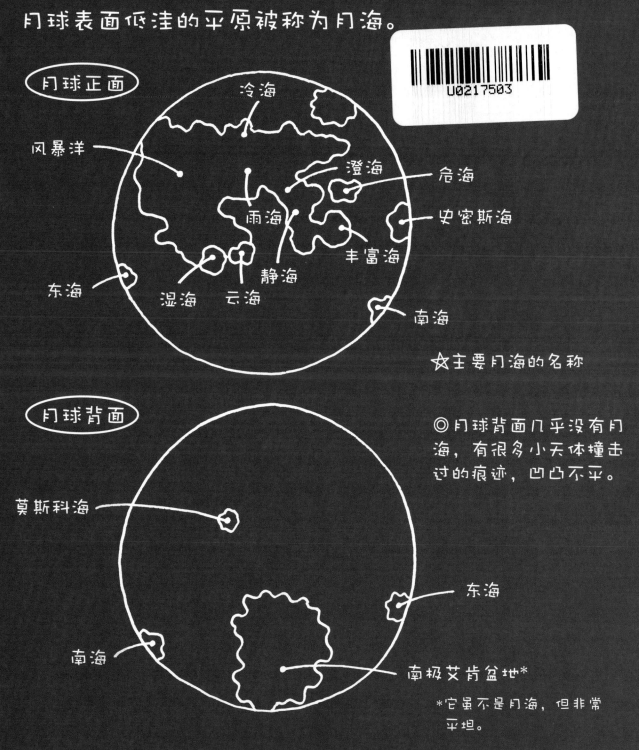

月球正面

冷海

风暴洋

澄海

危海

雨海

史密斯海

丰富海

静海

东海

湿海　云海

南海

☆主要月海的名称

月球背面

◎月球背面几乎没有月海，有很多小天体撞击过的痕迹，凹凸不平。

莫斯科海

东海

南海

南极艾肯盆地*

*它虽不是月海，但非常平坦。

山本省三

本书作者，生于日本神奈川县，毕业于横滨国立大学。作品有"发现动物不可思议的地方"系列和《了不起！探索地球中的"宇宙"——6500米的深海》《人类的大拇指了不起》等。现任日本儿童文学家协会理事长。

村川恭介

本书审订者，生于日本神奈川县，毕业于美国休斯敦大学建筑学系空间架构工程学专业，获硕士学位。参与了美国国家航空航天局（NASA）空间站、月球基地和火星基地建设的相关研究。

月球上的一天

〔日〕山本省三◎著

张 彤◎译

致绿色之丘小学的同学们：

我爸爸要在月球上建造火箭基地，我们跟他一起来到了月球。我们一家将在月球上生活一个月。今后将有更多的人居住在月球。我爸爸正为这个目标努力工作着。

我要跟大家分享一下在月球上开车兜风的经历。有机会你们也来月球游玩吧！

望月满

于鼹鼠公寓 307 室

这是我们刚到月球时的故事。

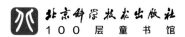

北京科学技术出版社
100 层 童 书 馆

唰——

清晨6点，百叶窗自动打开了。

阳光洒了进来，我睁开了眼睛。

"今天我们一家人要开车去兜风，我得好好准备一下。"

窗外，树木在风中摇曳。

不过，这些景色都是背景墙上显示的。

由于生物钟的关系，
我们白天精力充沛，
夜里需要休息。
想要健康生活，
就不能打破这个规律。

因此，想要在地球以外的地方
健康生活，
就要想方设法制造出
人的身体能感应的白天和黑夜。
通过背景墙上显示的景色
来反映一天中时间的变化，
是让身体感应白天和黑夜的
一种方法。

3

这里是月球。

爸爸在月球表面的基地工作，

我们一家人像鼹鼠一样生活在黑暗的洞穴中。

这个洞穴好像是月球刚诞生时因熔岩喷发而形成的。

后面我会告诉大家为什么我们要住在洞穴中。

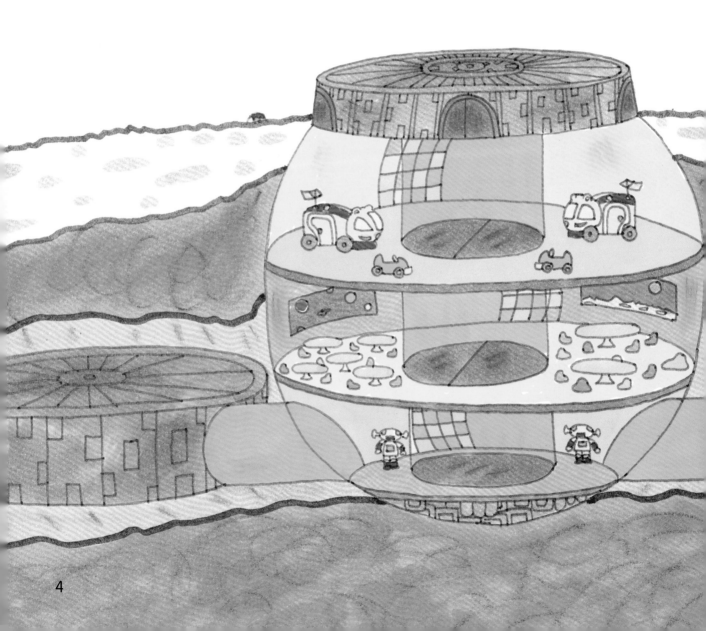

月球诞生之初就有火山。
火山中喷出的黏糊糊的熔岩
冷却凝固之后，
里面会出现空隙，
有些就形成了洞穴。

2007 年，
日本发射的"月亮女神"号探测器
首次在月球上发现了类似的洞穴。

在洞穴中建造房屋的话，
岩石可以作为结实的洞穴内壁，
这样可以降低施工难度。

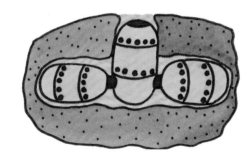

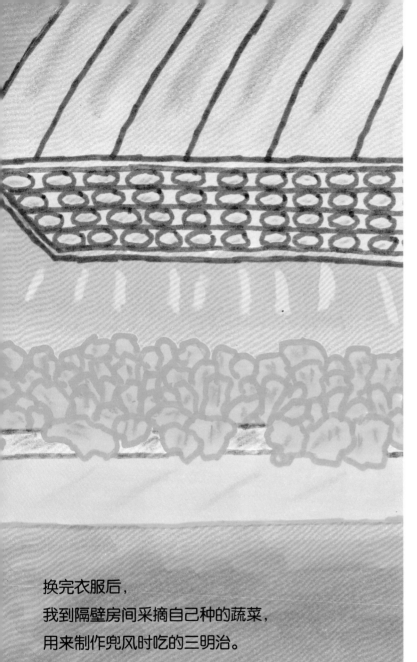

在月球上，
蔬菜生长靠的不是泥土和阳光，
而是添加了肥料的水和人造光
——这种方法叫无土栽培。
在地球上培育蔬菜时
也可以使用这种方法。
目前，我们在月球上用的水和空气
均来自地球，
科学家正在研究
从月球上获取水和空气的方法。

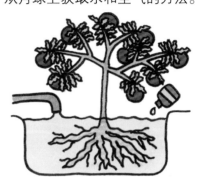

昆虫的食物是蔬菜，
饲养昆虫不需要太大的空间，
并且昆虫繁殖力强。
所以，我们可以致力于研究
用昆虫来代替肉和鱼。

换完衣服后，
我到隔壁房间采摘自己种的蔬菜，
用来制作兜风时吃的三明治。
除了种了蔬菜之外，
这里还养了蚂蚱等可食用昆虫。
我最喜欢吃油炸蚂蚱。

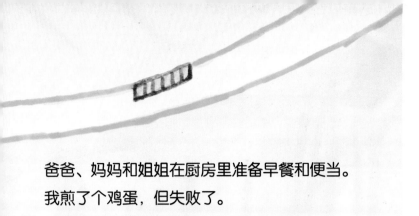

爸爸、妈妈和姐姐在厨房里准备早餐和便当。
我煎了个鸡蛋，但失败了。
"唉，本以为很容易就能把鸡蛋翻过来，
没想到……"
物体在月球上受到的重力是在地球上的1/6。
鸡蛋在月球上变轻了，
所以一不小心它就会从平底锅中飞出去。

月球的大小约是地球的 1/4，
质量约是地球的 1/81。
因此，物体在月球上受到的重力
是在地球上的 1/6。

所以，
人们在月球上感觉轻飘飘的，
难以行走。
想走路的话，
要穿很重的鞋或者手扶着栏杆。
登月的航天员只能
呈"之"字形跳着走，
无法直线前行。

吃过早餐，我们就乘坐月球小汽车出发了。
由于物体在月球上受到的重力比在地球上的小，
为了防止汽车浮起来，
我们在车上装入月球砂石来增重。
"出发啦！"爸爸将车启动后，
月球小汽车穿过双重小门。
我们出发啦！

月球上几乎没有空气。
想在月球表面活动，
或者穿航天服，
或者乘坐密闭的交通工具。
人要在有空气的地方进入月球车，
然后驾驶月球车进入密闭的房间，
并抽走车外房间内的空气，
之后前往月球表面。
另一种进入月球车的方法是，
将月球车的车门紧贴房屋出口，
人直接坐进去。

没有空气，
意味着没有助燃的氧气。
因此，在月球上不能使用
以汽油为燃料的小汽车。
月球车都是电动的。

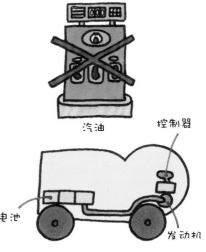

汽油　　　控制器

电池　　　发动机

仰望天空，发现地球在熠熠闪光。

"今天不是满月，是满地球哇。" 听了我的话，爸爸点了点头。

"在月球上看到的地球的变化，与在地球上看到的月球的变化有所不同，

地球不会落下，而是在同一位置或圆或缺。"

小汽车里的钟表显示现在是上午8点，但此时月球上仍是黑夜。

月球上的白天和黑夜各持续2周。

因此，我们在洞穴中利用人造光制造出了白天，

从而形成了与地球上周期一样的白天和黑夜。

如果说月球受阳光照射时为白天，
那么月球的白天长达 2 周，
阳光照射不到的夜晚也持续 2 周。

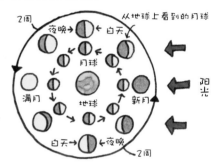

也就是说，从地球上看，
从新月到满月的这段时间里，
月球上都是白天；
之后从满月再变为新月的这段时间里，
月球上都是夜晚。

从月球上看，地球不会落下，
因为月球围绕地球公转的周期
和月球自转的周期是一样的，
均为 27 天左右。
因此，我们从月球上看的话，
地球总是挂在天空中的同一位置。
也正是如此，
我们从地球上只能看到月球正面，
看不到月球背面。

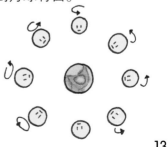

我们之所以选择夜晚出去兜风，是因为月球上的白天实在是太热了。

月球表面几乎没有大气，所以阳光能毫无阻碍地照射到月球表面。

月球上阳光直射的地方会超过100℃，而夜晚月球上的温度会降到−170℃。

幸好月球小汽车有加热功能，我们才可以在夜晚出行。

此外，因阳光照射产生的对人体有害的宇宙射线，在夜晚会少很多。

地球周围包裹着大气层，
就像穿着一件衣服，
所以阳光无法直接照射到地面。
而月球没有大气层，
是"赤身裸体"的，
被阳光直射后温度会骤升。
同样地，到了夜晚，
没有大气层，
月球无法阻止其表面热量的流失，
温度会骤降。

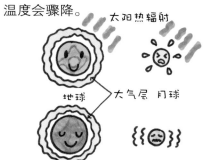

宇宙中会产生很多
对人体有害的宇宙射线，
其中有些就来自太阳。
"赤身裸体"的月球
直接接受宇宙射线的辐射。
在没有阳光的夜晚，
宇宙射线会大幅度减少，
所以在月球上，
夜晚出行要比白天安全一些。

突然，来了一阵尘暴。

爸爸叫道："不好，是陨石，

也许还会有其他陨石落下。"

他加速行驶，为躲避陨石而跑进掩蔽所。

如果是飞往地球，

陨石在落到地面前会与大气层发生摩擦，

多数会燃烧掉；

而如果飞往的是没有大气层的月球，

陨石会直接落到月球表面。

月球上的那些环形山

几乎都是由陨石撞击月球形成的。

我们居住在洞穴中，

就是为了躲避宇宙射线和陨石。

环形山形成的过程中，
月球上的岩石被撞碎而向外迸出，
碎石落回月球表面，
形成一条条放射状直线。
刚刚形成时，这些线条十分清晰。
通过研究碎石的残留情况，
我们可以知道
陨石是何时撞击月球的
以及环形山是何时形成的。

环形山刚形成
时的样子

一段时间后

比起月球正面，
月球背面的环形山更多。
有一种观点认为，在月球正面，
地下喷出的熔岩填入了环形山，
从而形成了月海。
而月球背面温度低，
岩浆凝固，无法流出，
也就无法填平环形山。
当然，这只是猜测，
具体原因尚不明确。

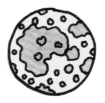

月球正面

月球背面

17

过了一段时间，我穿着航天服出了掩蔽所。
"姐姐，我们来踩脚印吧。"我提议。
月球表面有很多灰色的沙子，
因为沙粒很细，所以留下的脚印很清晰。
月球看起来闪闪发光，
也是这些沙子反射阳光的缘故。
突然，月球震动起来。
这不是地震，是月震！

覆盖在月球表面的沙子
松散地堆积在一起，
这就是月壤。
这些沙子比食盐颗粒小，
比淀粉颗粒大，
是小天体撞击月球表面的岩石后
形成的细小粉末。

首次登月的"阿波罗"11号
在月球上安装了地震仪，
由此我们获知月球上也有"地震"，
准确地说，这叫月震。
据说这是由地球的吸引（引力）、
陨石的撞击或者月球地下
大块岩石碎裂引起的。
但这些原因都只是猜测，
目前尚无确凿的证据。

月球虽然只有 1/4 个地球那么大，
上面却有多座
海拔超过 3 000 米的山。
这些山几乎都是
陨石撞击月球时形成的。

我们回到小汽车内，继续前行。
在环形山的正中央，可以看见高山。
我问爸爸："那座山有多高？"
"和富士山差不多，
据说是陨石撞击月球时
环形山下的岩石进出形成的。"
爸爸回答。

我们可以看到月球上有很多山脉，
其中绵延最长的长约 800 千米，
相当于阿尔卑斯山脉长度的 2/3。

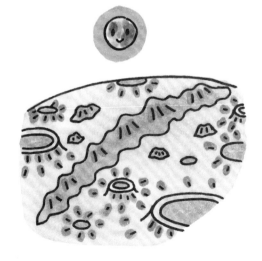

我们还看到了能把阳光转换为电能的太阳能电池板。
月球小汽车的行驶、照明等在月球上生活所需的电，
均来自太阳能。
月球上有些地方几乎一直受到阳光的照射，
太阳能电池板就被架设在那些地方，持续发电。

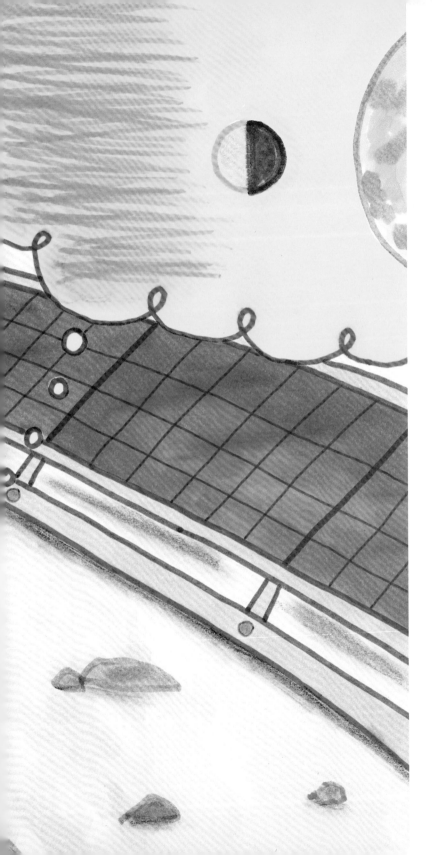

月球上几乎没有大气，
所以没有云层，
也就是说月球上终年晴天。
月球上白天肯定有阳光照射，
所以在月球上适合用太阳能发电。
但由于月球的夜晚会持续2周，
我们得考虑到
夜晚有可能电力不足的问题。

晴天咯！

不过，与地球上的情况一样，
月球的南北两极
也可能受到阳光的持续照射。
所以如果我们在那里
架设太阳能电池板，
就可以避免出现电力不足的情况。

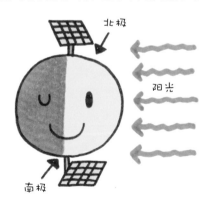

北极

阳光

南极

当然，月球上也有阳光完全照射不到的地方。

环形山边缘的阴影区就永远没有阳光，那里或许有冰。

如果能将那些冰融化，就不用从地球运水了，

还能制取人类呼吸所需的氧气。

现在，爸爸和他的伙伴们正努力寻找冰源。

我们将月球上常年背阴的地方
称为永久阴影区。
在永久阴影区，水是冰冻的状态，
所以不会蒸发。
有人说这里的冰是
"冰之星球"——彗星
撞击月球之后飞溅出来的，
也有人说这是月球上的水冰冻所致。

如果月球上有水，
我们就不用从地球上运水了，
这样就方便多啦。
将 1 升水从地球运到月球
得花差不多 600 万人民币。

另外，月球上如果原本有水，
或许有生物存在；
如果有冰，
可能存在冰冻的生物！

除了受重力的影响较小以外，
月球上一直是晴天，
所以不会发生因为刮风下雨
而不能发射火箭的情况。

另外，从月球表面前往火星等地
更近一些。

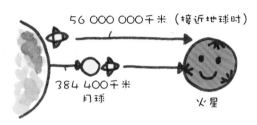

在月球上不仅可以建设火箭基地，
还可以建有射电望远镜的天文台，
这样我们就可以
通过射电波来研究宇宙。
如果在月球背面建天文台，
将避免来自地球的
电波以及大气的干扰，
从而能观测到更遥远的宇宙。

一到月球表面的基地，爸爸就说：
"火箭马上就会从这里飞往火星等星球。
月球上的矿物可以作为火箭燃料。
并且物体在月球上受到的重力仅为在地球上的1/6，
火箭的组装及发射也仅需1/6的力。"
如果有机会，我想乘坐火箭飞往火星。

我们在基地的操场上打了网球，
大家都跳得好高。
在月球上，任何人都能成为厉害的跳高运动员。
但是，跑步可不行，身体会浮起来，很难前行。

与在地球上相比，
我们在月球上
轻轻松松就能跳得很高。
所以，在月球上，
我们的篮球、排球以及羽毛球等
比赛的成绩会有所提高。

而棒球和滑冰等运动
则不适合在月球上进行。
打棒球的话可能都会成为本垒打；
滑冰时人无法在冰面上
很好地滑行。

运动了一下，大家都饥肠辘辘，
于是一起坐在草坪上吃三明治。
草坪上是真的草，这些草的培育方法和蔬菜的一样。
闻着熟悉的青草的味道，好惬意。
妈妈指着窗外的地球说："这不是赏月，是赏地球哇。"

与地球上不同，
月球上没有森林、海洋、湖泊等
丰富的生态系统。
对生活在地球上的人类来说，
这些生态系统不可或缺。

因此，在月球上生活时，
可以通过将地球上的风景照
显示到背景墙上
或者建植物园等方法，
来使月球上的生活环境
跟地球上的接近。

另外，戴上特殊的眼镜，
通过虚拟现实技术让人仿佛
真的置身于所见到的风景中
也大有益处。

31

开车兜风让我知道了很多有关月球的事情，我非常开心。
当然，月球上还有很多未解之谜，
我希望今后能更详细地了解这颗离地球最近的星球。

MOSHIMO TSUKI DE KURASHITARA

By Shozo YAMAMOTO

Copyright © 2017 Shozo YAMAMOTO

Original Japanese edition published by WAVE PUBLISHERS CO., LTD.

All rights reserved

Chinese (in simplified character only) translation copyright © 2022 by Beijing Science and Technology Publishing Co., Ltd.

Chinese (in simplified character only) translation rights arranged with WAVE PUBLISHERS CO., LTD.

through Bardon-Chinese Media Agency, Taipei.

著作权合同登记号 图字：01-2018-4390

图书在版编目（CIP）数据

月球上的一天 /（日）山本省三著 ； 张彤译. —北京：北京科学技术出版社，2022.8（2023.7 重印）
ISBN 978-7-5714-2322-3

Ⅰ. ①月… Ⅱ. ①山… ②张… Ⅲ. ①月球—儿童读物 Ⅳ. ① P184-49

中国版本图书馆 CIP 数据核字（2022）第 087445 号

策划编辑： 荀　颖	**电　话：** 0086-10-66135495（总编室）
责任编辑： 吴佳慧	0086-10-66113227（发行部）
封面设计： 沈学成	**网　址：** www.bkydw.cn
图文制作： 沈学成	**印　刷：** 北京博海升彩色印刷有限公司
责任印制： 张　良	**开　本：** 830 mm × 1194 mm　1/20
出 版 人： 曾庆宇	**字　数：** 25 千字
出版发行： 北京科学技术出版社	**印　张：** 2
社　　址： 北京西直门南大街 16 号	**版　次：** 2022 年 8 月第 1 版
邮政编码： 100035	**印　次：** 2023 年 7 月第 2 次印刷
ISBN 978-7-5714-2322-3	

定　　价： 45.00 元

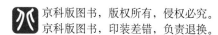

●登月飞船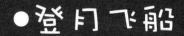

为了让人类成功登月，宇宙飞船上要搭载用于登陆月球的航天器和返回地球所需的各种设备。因此，从地球出发时飞船非常大。

目前，登月需要3~4天时间。

从月球返回地球时使用的指令舱

绕月飞行

要返回地球时，登月舱会从月球表面起飞并飞向指令舱。

月球

指令舱与登月舱分别位于如图所示位置。

燃烧剂箱

地球

返回地球时，服务舱等被抛掉，航天员只能乘坐小小的像胶囊一样的指令舱返回地球。